地球的生命故事

中国古生物学家的发现之旅

总主编 戎嘉余

第 二 辑　璀 璨 远 古

昆虫演化秘境

黄迪颖　著

江苏凤凰科学技术出版社·南京

图书在版编目（CIP）数据

昆虫演化秘境 / 黄迪颖著. — 南京：江苏凤凰科
学技术出版社, 2024.9
（地球的生命故事：中国古生物学家的发现之旅.
第二辑, 璀璨远古）
ISBN 978-7-5713-4030-8

Ⅰ.①昆… Ⅱ.①黄… Ⅲ.①昆虫 – 进化 – 普及读物
Ⅳ.①Q961-49

中国国家版本馆CIP数据核字(2024)第026301号

地球的生命故事——中国古生物学家的发现之旅
（第二辑　璀璨远古）

昆虫演化秘境

总　主　编	戎嘉余
著　　　者	黄迪颖
责 任 编 辑	王　艳　杨　帆
助 理 编 辑	王　静
责任设计编辑	蒋佳佳
封 面 绘 制	谭　超
插 图 绘 制	孙　捷
责 任 校 对	仲　敏
责 任 监 制	刘　钧

出 版 发 行	江苏凤凰科学技术出版社
出版社地址	南京市湖南路1号A楼，邮编：210009
编 读 信 箱	skkjzx@163.com
照　　　排	江苏凤凰制版有限公司
印　　　刷	盐城志坤印刷有限公司

开　　　本	718 mm×1 000 mm 1/16
印　　　张	4
字　　　数	100 000
版　　　次	2024年9月第1版
印　　　次	2024年9月第1次印刷

标 准 书 号	ISBN 978-7-5713-4030-8
定　　　价	24.00元

图书如有印装质量问题，可随时向我社印务部调换。联系电话：（025）83657627。

　　摆在读者面前的是一套由中国学者编撰、有关生命演化故事的科普小丛书。这套丛书是中国科学院南京地质古生物研究所的专家学者献给青少年的一份有关生命演化的科普启蒙礼物。

　　地球约有46亿年的历史，从生命起源开始，到今日地球拥有如此神奇、斑斓的生命世界，历时约38亿年。在漫长、壮阔的演化历史长河中，发生了许许多多、大大小小的生命演化事件，它们总是与局部性或全球性的海、陆环境大变化紧密相连。诸如5亿多年前发生的寒武纪生命大爆发，2亿多年前二叠纪末最惨烈的生物大灭绝等反映生物类群的起源、辐射和灭绝及全球环境突变的事件，一直是既困扰又吸引科学家的谜题，也是青少年很感兴趣的问题。

　　我国拥有不同时期、种类繁多的化石资源，为世人所瞩目。20世纪，我国地质学家和古生物学家不畏艰险，努力开拓，大量奠基性的研究为中国古生物事业的蓬勃发展做出了不可磨灭的贡献。在国家发展大好形势下，新一代地质学家和古生物学家用脚步丈量祖国大地，不忘经典，坚持创新，取得了一系列赢得国际古生物学界赞誉的优秀成果。

　　2020年7月，中国科学院南京地质古生物研究所和凤凰出版传媒集团联手，成立了"凤凰·南古联合科学传播中心"。这个中心以南古所科研、科普与人才资源为依托，借助多种先进技术手段，致力于打造高品质古生物专业融合出版品牌。与此同时，希望通过合作，弘扬科学精神，宣传科学知识，能像"润物细无声"的春雨滋润渴求知识的中小学生的心田，把生命演化的更多信息传递给中小学生，期盼他们成长为热爱祖国、热爱科学、理解生命、自强自立、健康快乐的好少年。

　　这套丛书，是在《化石密语》（中国科学院南京地质古生物研究所 70 周年系列图书，江苏凤凰科学技术出版社出版，2021 年) 的基础上，很多作者做了精心的改编，随后又特邀一批年轻的古生物学者对更多门类展开全新的创作。本套丛书包括八辑：神秘远古，璀璨远古，繁盛远古，奇幻远古，兴衰远古，绿意远古，穿越远古，探索远古。每辑由四册组成，由 30 余位专家学者撰写而成。

这个作者群体，由中、青年学者担当，他们在专业研究上个个是好手，但在科普创作上却都是新手。他们有热情、有恒心，为写好所承担的部分，使出浑身解数，全力协作参与。不过，在宣传较为枯燥的生命演化故事时，做到既通俗易懂、引人入胜，又科学精准、严谨而不出格，还要集科学性、可读性和趣味性于一身，实非一件"驾轻就熟"的易事。因此，受知识和能力所限，本套丛书的写作和出版定有不周、不足和失误之处，衷心期盼读者提出宝贵的意见和建议。

为展现野外考察和室内探索工作，很多作者首次录制科普视频。讲好化石故事、还原演化历程，是大家的心愿。翻阅本套丛书的读者，还可以扫码观看视频，跟随这些热爱生活、热爱科学、热爱真理的专家学者一道，开启这场神奇的远古探险，体验古生物学者的探索历程，领略科学发现的神奇魅力，理解生命演化的历程与真谛。

这套崭新的融媒体科普读物的编写出版，自始至终得到了中国科学院南京地质古生物研究所的领导和同仁的支持与帮助，国内众多权威古生物学家参与审稿并提出宝贵的修改建议，江苏凤凰科学技术出版社的编辑团队花费了极大的精力和心血。谨此，特致以诚挚的谢意！

中国科学院院士
中国科学院南京地质古生物研究所研究员
2022 年 10 月

目　录

图 1-1　各种各样的昆虫

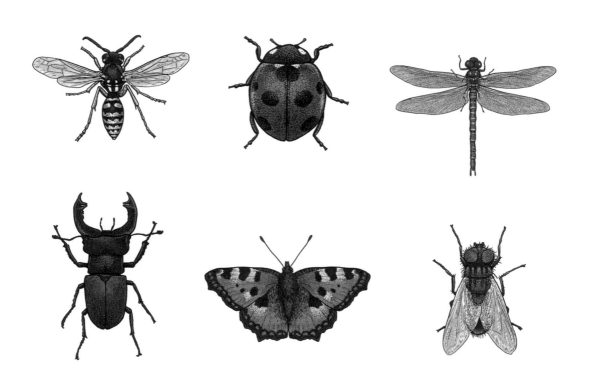

1. 昆虫的演化

昆虫的演化

　　它们种类繁多、形态各异。它们是地球上数量最多的动物。它们的足迹几乎遍布世界的每一个角落。它们与植物相互依赖、共同演化。它们，就是昆虫（图1-1）。

　　昆虫通常体形微小，生命短暂，但它们的生命力很顽强，是动物界演化最成功的类群。历经数次生物大灭绝，它们仍然繁衍生息，反而变成了地球上最丰富的生物类群，不得不说这是一个奇迹。昆虫小小的身体里蕴藏着生命最顽强的力量！

　　昆虫几乎都生存在陆地生态系统或淡水中，只有极少数种类在海水或海面上生活。陆地生态系统的多样性极大程度地赋予了昆虫广阔的生存和适应条件。大部分昆虫发育了翅膀，极大地拓展了生存空间。昆虫的世代短，基因突变概率相对提高，加速了演化，产生了更多的多样性。昆虫的产卵量通常较大，有的多达上万个，强大的生殖能力是种群繁衍和繁盛的基础。但是，昆虫化石却并不常见，主要由于昆虫的外骨骼没有矿化，且它们大多保存在古代湖泊边缘区域形成的页岩中，保存环境和条件相对苛刻。化石记录并不能反映昆虫的原始生态面貌，而特异埋藏生物群则相对完整地保存了古生态系统。由于氧气隔绝，很多特异埋藏生物群中的生物软组织还没腐烂降解，就受到快速矿化交代作用，从而被保存为化石。在中生代特异埋藏生物群中，昆虫无论是化石数量还是物种多样性，往往都占据优势地位。

除了岩石中的特异埋藏生物群，琥珀是保存古代昆虫的绝佳载体。已知最古老的琥珀发现于美国，它形成的时间是石炭纪晚期。迄今最古老的包含昆虫的琥珀来自意大利，形成于三叠纪，其中发现了一只螨虫和一只蚊子。最古老的蕴含多样化远古生物群的琥珀来自黎巴嫩，距今约 1.25 亿年。大量形成于白垩纪的包含昆虫的琥珀在世界各地陆续被发现，特别是缅甸琥珀，其中发现了包含中生代多样性最高的昆虫群。目前发现的新生代形成的琥珀中，始新世波罗的海琥珀和中新世多米尼加琥珀久负盛名。我国以始新世抚顺琥珀最为出名，最近还报道了中新世漳浦琥珀，其中都包含了各类昆虫。

昆虫的起源是古生物界长期以来难解的谜题，主要原因就是早期的化石记录极度缺乏。

据推测，节肢动物大约在志留纪晚期就已经登陆了，六足动物在泥盆纪早期已经出现，而昆虫在石炭纪晚期呈现出大爆发。昆虫早期化石记录很不完整，存在大的间断，由此，昆虫的起源被蒙上了一层神秘的面纱。过去，昆虫到底是起源于多足动物（如蜈蚣、马陆、蚰蜓）还是甲壳动物（如虾、蟹）一直有争论，但通过比较形态解剖学和分子生物学研究，昆虫起源于甲壳动物已成定论。

昆虫起源的第一步是六足动物的起源。六足动物，顾名思义，是胸部三分，前胸、中胸、后胸各发育一对足。胸腹的分化和胸足的特化是昆虫起源的关键。

德国发现了一种泥盆纪早期非常奇特的单肢型节肢动物——泥盆六足虫（*Devonohexapodus*，图 1-2）。它的头部具有一对大大的眼睛和长长的触角，以及很短的头附肢，身体分 30 多节，没有特化的胸节，却在前三体节处各具一对延长的足，其后每个体节都具有一对短足，还有一个叉状的尾。虽然有学者认为这是最原始

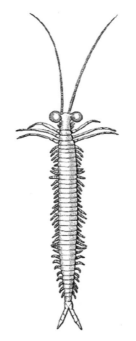

图 1-2　泥盆六足虫

的六足动物，但并未得到学界的广泛认可。有人认为这
类节肢动物更像某种虾，与其说它是原始的六足动物，
不如说是某种节肢动物恰好具有前部特化的三对足。泥
盆六足虫的真实演化位置还有待深入研究。

　　公认的最古老的六足动物来自苏格兰泥盆纪早期老
红砂岩的瑞尼燧石结核中，已有超过 4 亿年的历史。这
种动物被称为瑞尼虫（*Rhyniella*）。瑞尼虫头部具有一
对大颚，很短的触角分为四节，前三体节各具一对足，
且足的分节简单。根据已知的形态特征，科学家们更相

信这是一种原始的弹尾类。显然,这并没有提供过多的昆虫起源和早期演化的实证。

另一个转机同样来自瑞尼燧石结核。科学家发现一种瑞尼颚虫(*Rhyniognatha*),因为化石保存不完整,但其口器却保存完好,尤其是它的大颚,故将其命名为瑞尼颚虫。通过对瑞尼颚虫大颚的分析,科学家认为它是已知最古老的昆虫,而且属于有翅昆虫。遗憾的是,通过进一步的观察和分析,另一些科学家获得了瑞尼颚虫更详细的解剖学构造,认为瑞尼颚虫实际属于蚰蜒状的多足类生物。

科学家并未放弃对昆虫起源的研究。经过不断的探索,他们在比利时发现了一种3.6亿年前泥盆纪晚期的奇怪节肢动物化石,取名斯图迪虫(*Strudiella*)。斯图迪虫具有类似昆虫的口器,一对长长的触角和一对大眼,特化且三分的胸节,每个胸节均具有一对延长的足。前口式的大颚,分化的胸节,以及三对特化的足无疑使斯图迪虫具有较为明显的六足动物烙印。但另一些科学家重新观察标本后认为原来的学者对斯图迪虫存在过分的解释,如口器特征等,且遗漏了足的数量。他们认为斯图迪虫其实有很多对足,发现于比利时的这块节肢动物化石可能是一块缺失头胸甲的鲎虫化石。

可见，六足动物和昆虫的起源缺乏确切的化石证据，且极具争议。泥盆纪的昆虫化石乃至六足动物化石记录几乎是一片空白，这还需要古生物学家的不断开拓和摸索。

当时间进入到石炭纪早期，地球上出现了大规模的绿色森林，大气中含氧量显著升高。这为昆虫的发展提供了绝佳的条件，但这一时期昆虫的化石记录却几乎一片空白。

到了距今约 3.2 亿年的石炭纪晚期，各类昆虫粉墨登场，各显神通，它们迅速统治了森林生态系统。这些已知的早期昆虫并非原始的无翅类型，而是各类有翅昆虫，有的已经发育出特化的刺吸式口器。有学者认为有的石炭纪昆虫每个胸节甚至腹节均发育侧叶，中胸和后胸的那两对最终发育成了翅膀，这是原始的昆虫为了在森林生态系统中滑翔运动而产生的生态适应。不过，关于昆虫翅膀的起源特别是翅关节的产生有各种假说和猜测，尚未出现大家普遍接受的理论。

翼龙是会飞的爬行动物，最古老的翼龙产生于三叠纪晚期，距今约 2.2 亿年。蝙蝠是会飞的哺乳动物，最古老的蝙蝠生存于始新世早期，距今约 5000 万年。而昆虫在 3 亿年前就在广阔的天空中自由飞翔。昆虫是最早征服天空的动物。

　　石炭纪晚期的昆虫通常个体较大，那个时代被称为巨虫的时代（图 1-3）。当时的空中霸主是一类被称为巨脉蜻蜓的昆虫。过去这类昆虫被称为原蜻蜓目，它们和现代的蜻蜓体态十分相像，但它们的形态特征、系统发育和现代的蜻蜓又缺乏直接的联系，因此学者更习惯称这类巨型飞虫为格里芬蜓或狮鹫蜓。格里芬（Griffin）原意是指希腊神话中的狮身鹰首的巨型怪兽——狮鹫兽。这类格里芬蜓比现代的蜻蜓大，代表了已知最大的昆虫化石。最大的种类发现于二叠纪早期，为二叠巨蜻蜓（*Meganeuropsis permiana*），其翅膀展开宽度可以超过 70 厘米。石炭纪昆虫中也有一些我们熟悉的身影，如蜚蠊状昆虫和现代的蟑螂十分相似，但从演化和分类上来看石炭纪的这类昆虫和现代类型并非同类，主要表现在石炭纪蜚蠊前胸背板较小，不能盖住头部，且雌性个体都发育长长的产卵器。

　　最近的研究发现，石炭纪晚期除了生活着大量的大型昆虫，还存在过很多小型昆虫，甚至包括几类全变态昆虫，例如甲虫和蜂类的祖先。它们在巨虫的阴影下，谋得了属于它们自己的生态空间，为将来的大发展奠定了基础。

图 1–3　石炭纪生态复原图

全变态昆虫

昆虫个体发育分为两个阶段，第一阶段为胚胎发育，从卵受精开始至幼虫孵化；第二阶段为胚后发育，从幼虫孵化到成虫羽化。昆虫发育过程经过一系列外部形态和内部器官的变化，称为变态。一般来说，昆虫发育过程经过卵、若虫、成虫三个发育阶段的为不完全变态，又称为渐变态，如蟑螂、蝗虫、螳螂、蝉、蜻等。另外一些昆虫发育过程经过卵、幼虫、蛹和成虫四个发育阶段的被称为完全变态（图1-4）。

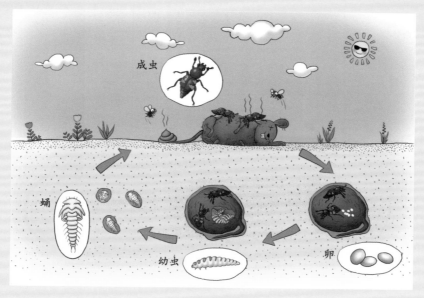

图1-4　完全变态昆虫发育过程（以葬甲为例）

二叠纪昆虫虽然出现了更多的进化类型，如甲虫、蝉类等，但绝大部分昆虫仍然是和现代昆虫亲缘关系较远的灭绝类型。二叠纪出现了已知最古老的拟态昆虫，是产于法国的螽斯。它的翅膀发育了一些栉状的支脉，颇似一片叶子，如舌羊齿。但舌羊齿在二叠纪的法国并未发现，所以这类古老的螽斯的拟态对象还是个谜。在二叠纪末期出现的超大规模的火山爆发导致了生命演化历史上最重要的灭绝事件，据统计，超过95%的海洋物种惨遭灭绝。虽然陆地动物的情况要好一些，但推测也有约70%的动物种类灭绝。这次非常严重的灭绝事件对当时的昆虫造成了沉重的打击。但是，由于昆虫的适应能力非常强，这次灭绝事件之后，昆虫反而得到了新的发展机会，昆虫演化进入了新纪元。

步入中生代，昆虫开始出现很多现代的门类，如在三叠纪出现了双翅目（现代双翅目包括蚊类、虻类、蝇类等），昆虫世界变得更加丰富多彩。到了侏罗纪，昆虫世界已然异彩纷呈，不仅很多类型和现代种类差别很小，而且它们和现代类型一样具有非常复杂的行为特征，并和生态系统中的植物、动物，包括其他昆虫建立起了复杂的协同演化关系（图1-5）。

图 1–5 侏罗纪异彩纷呈的昆虫世界

有一类小甲虫叫葬甲（图1-6），在侏罗纪时期它们的触角末端发育了微型化学感受器，和现代类型一样专门用来探寻腐肉的恶臭。它们可能以哺乳动物或小型恐龙的尸体为食，是目前发现的最古老的大自然的清道夫（图1-7）。后来，在白垩纪时期，它们的腹部背侧发育了音锉构造。在受到天敌袭扰时，音锉构造和鞘翅摩擦可以发出尖锐的鸣叫，赶走掠食者，并可以起到和幼虫交流的作用，这代表了原始的亲代抚育行为（图1-8）。

图1-6 葬甲化石（发现于侏罗纪中晚期道虎沟生物群）

图 1-7　以哺乳动物或小型恐龙尸体为食的葬甲生态复原图

图 1-8　白垩纪早期葬甲生态复原图

　　侏罗纪还有一类昆虫——卡拉套划蝽。它们将初生的卵以细柄悬挂于左侧中足的胫节之上，不仅可以保持水分，还可以随着游泳动作的进行增加卵周围的氧气，并在母体上精心呵护到幼体孵化。这也大大提高了幼体的成活率。道虎沟生物群中的卡拉套划蝽（图1-9）具有迄今已知最古老的昆虫携卵行为，代表了原始的"母爱"。这些划蝽的前足上布满纤毛列，和头部前方的纤毛窝组成了精巧的滤食器，可以过滤一定大小的颗粒，可能用以取食丰年虫的卵。道虎沟生物群的化石记录似乎反映了卡拉套划蝽和丰年虫的共生关系，二者共同繁荣，共同衰落。

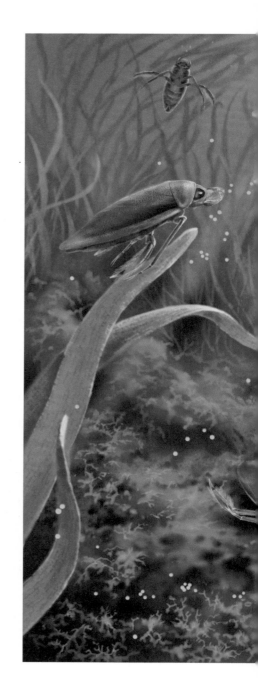

图 1-9　具有携卵行为的卡拉套划蝽生态复原图

侏罗纪是裸子植物统治的时期，一些昆虫和裸子植物建立起了协同演化关系。例如当时的一些蝎蛉发育了长长的吸管状喙，吸取裸子植物的花露，从而成为裸子植物的特有传粉者（图1-10）。还有一些脉翅目昆虫，翅膀上演化出类似裸子植物羽状叶的花纹，以隐藏自己（图1-11）。

谈到吸血昆虫，最容易让人联想到的就是蚊子。虽然分子生物学证据揭示蚊科起源于2亿年左右的三叠纪-侏罗纪之交，但过去关于蚊子最早的化石记录来自距今约1亿年的缅甸琥珀。

图1-10　发育了长长的吸管状喙的蝎蛉

图 1-11　具有拟态行为的脉翅目昆虫生态复原图

约 1.25 亿年前白垩纪早期的黎巴嫩琥珀中两块雄蚊标本的发现，彻底改变了人们对蚊子早期演化的认识，也将蚊科的化石记录提前了约 2500 万年（图 1-12）。新发现的蚊子被命名为中间型黎巴嫩蚊（*Libanoculex intermedius*，图 1-13）。这个名字反映出这些最古老的蚊子具有一些中间型的过渡特征。它们虽然具有典型的突出的吸血型口器，包括呈三角形且边缘发育小齿的下颚以及延长的具有齿状构造的内颚叶等（图 1-14），但它们的口器不像很多现代蚊类吸血口器那样特化成长管状。

现今一些雌蚊具有用于吸血的刺吸式口器，而雄蚊的口器通常退化而不进食，或吸食花露、取食真菌等。黎巴嫩琥珀中的雄蚊具有典型的刺吸式口器，这说明在 1.25 亿年前雄蚊也是吸血昆虫，并暗示昆虫的早期吸血行为比我们想象的更为复杂。距今约 1.25 亿年至 0.8 亿年之间，地球大陆生态系统处于"白垩纪陆地革命"时期，被子植物突然出现并迅速发展，逐渐取代裸子植物成为地球陆地的主宰。而黎巴嫩琥珀正好处于被子植物辐射演化的初期。被子植物大量出现之前，可能有更多的昆虫是吸血的，它们靠吸食脊椎动物的血液获取更高的能量和更多的营养。但吸血行为也会招致这些受害者的抵抗，会给吸血昆虫带来危险。因此，被子植物大量出现后，对能量需求相对较低的雄蚊可能转而吸食花露，从而更加安全高效地获取能量（图 1-15）。

图 1-12　白垩纪早期黎巴嫩琥珀中的雄蚊标本

图 1-13　中间型黎巴嫩蚊

图 1-14　中间型黎巴嫩蚊的口器等细节

图 1-15　被子植物大量出现后，中间型黎巴嫩蚊的生态复原图

白垩纪昆虫的巨大飞跃是出现了社会性昆虫。真社会性昆虫（eusocial insects）包括蚂蚁、白蚁、蜜蜂、胡蜂。它们的共同特征是同种个体协力抚育、照顾幼体；进行繁殖分工，具有繁殖能力的个体不从事劳动；至少两个世代生活在一起，共同参与群体劳动，子代在一段时间内协助亲代。著名的社会昆虫学家威尔逊曾说："虽然社会性昆虫智能低下，也没有形成社会文化，社会组织远远赶不上人类，但就群体凝聚力、品级特化的精细程度和个体忘我的利他行为而言，社会性昆虫是人类不可企及的。"胡蜂和白蚁的最早化石记录发现于白垩纪早期，蚂蚁在白垩纪中期已经数量丰富且类型繁多，有学者提出最古老的蜜蜂也出现在白垩纪中期，但这仍存在争议。社会性昆虫的出现在陆地上占有重要的生态优势。它们筑造各自的巢穴，形成极其复杂的生境系统；它们改变了土壤结构，提高了被子植物传粉效率。在上亿年的演化历史中，社会性昆虫发生了显著的辐射适应，造就了千奇百怪的形态和行为，谱写了生命演化史上最奇妙的篇章。

自然界中社会性昆虫与其他动物之间存在十分密切

的关系。不同种类昆虫之间互相利用，从而使得一方或双方得以更好地利用资源、获得保护、适应环境和占领新的生境。蚂蚁和白蚁都有筑巢行为，能够构筑大小不一、形态各异的蚁冢。蚁巢内往往是一个复杂的系统，一个蚁巢中的蚂蚁或白蚁可以多达数十万只，甚至上百万只。在巢穴内，蚂蚁和白蚁可以有各自奇特的牧场和菌圃。例如，很多种蚂蚁都在巢穴内饲养"蚜虫、粉蚧"等同翅类昆虫，以获得稳定的蜜露来源，如同人们饲养奶牛。有的白蚁养育菌圃，成为它们的粮仓。无论蚂蚁或白蚁，遇到入侵者时都会同仇敌忾保卫巢穴。蚁巢内有丰盛的食物，还常常恒温恒湿"气候宜人"，难免会吸引一些不速之客乔装打扮偷偷溜进蚁巢，坐享其成，它们就是蚁客和螱客。

已知最古老的蚁客发现于 5200 万年前的印度始新世琥珀中，是一类严格与蚂蚁共生的蚁甲。它们口器退化，可能需要蚂蚁哺育。作为回报，它们腹部的背面具有特殊的刷状的毛状体，可能用来分泌蜜露。这类蚁甲在蚁巢内跟蚂蚁和平共处，互惠互利，俨然一个大家庭的贵客，为忙碌的蚁巢平添了几分乐趣。

图 1-16　毛蟊隐翅虫

　　已知最古老的蟊客发现于 1 亿年前的缅甸琥珀中，是一类毛蟊隐翅虫（图 1-16）。这些不速之客就没那么讨喜，它们通过特化的体形混入白蚁的巢穴，骗吃骗喝，但并不会对白蚁的生长发育产生不良影响。它们的形态非常特化，体形扁平，头部、触角、前足和中足都能缩在身体腹面，呈鲨形。这样的体形能够保护自己在狭窄的蚁穴中活动不易受伤，属于典型的防御型体形。

它们的后足异常粗壮，有跳跃行为，可以有效地躲避白蚁的骚扰。

在白垩纪，很多昆虫和真菌之间也建立了密切的联系，如一类原隐翅虫。它们的口器非常特殊，发育了"孢子刷"构造，用于刮取真菌的孢子来食用。还有一类巨须隐翅虫，它们以新鲜的蘑菇为食（图1-17）。它们的下唇须端部呈巨大的斧状，布满细小的嗅觉感受器，

图 1-17　白垩纪中期巨须隐翅虫取食蘑菇生态复原图

用以探寻蘑菇，并可以判断其新鲜程度。它们上颚内侧呈锯齿状，用以切割和取食蘑菇。巨须隐翅虫还具有亚社会性，成虫会在新鲜的蘑菇伞盖内打洞、产卵，进而孵化，它们还会对幼虫进行喂食和保护。这类特化的巨须隐翅虫最古老的类型出现在我国白垩纪早期的热河生物群（距今约 1.25 亿年），也从一个侧面揭示了蘑菇的起源。

距今约 1.25 亿年至 0.8 亿年之间，地球经历了"白垩纪陆地革命"，被子植物突然出现并迅速地辐射演化，不仅种类各异，而且门类繁多，逐渐取代裸子植物而成为地球陆地生态系统的主宰。这一时期被子植物的辐射演化以及伴生的昆虫、有鳞类（如蛇和蜥蜴）以及哺乳动物的辐射演化，标志着现代陆地生态系统的雏形逐渐形成。这个时期昆虫的传粉对象也逐渐由裸子植物过渡为被子植物，但相对于植物类型的更替，昆虫传粉对象的更替则有一定的滞后性。如在约 1 亿年前的缅甸琥珀中，已经出现了很多开花的被子植物的花。当时的昆虫——澳洲蕈甲的口器基部还保留了专门用于为裸子植物苏铁传粉的凹坑（图 1-18）。在被子植物大量出现之际，昆虫仍主要为裸子植物传粉，反映出昆虫行为学改变的滞后性。当时也出现了一些为原始被子植物传粉的昆虫，如短翅花甲（图1-19）。它们的粪便中充满了一些原始被子植物的花粉。还有一类昆虫——二叠啮虫特别引人注目，它们在二叠纪特别繁盛，在中生代衰落，却在缅甸琥珀中找到了它们最晚的化石记录。这些小飞虫的腹腔内有时充斥着大量的花粉。经过细心的观察与分析，这些花粉属于紫树，一种典型的被子植物（图1-20）。这证明为现代类型被子植物传粉的昆虫早在1亿年前就已经出现。

图 1-18　澳洲蕈甲为苏铁传粉生态复原图

图 1-19　短翅花甲为原始被子植物传粉生态复原图

图 1-20　二叠啮虫为被子植物紫树传粉

距今约 6600 万年，一颗小行星猛烈撞击地球，造成了白垩纪末大灭绝事件，陆地霸主恐龙就此退出历史舞台（图 1-21）。但是，这次毁灭性的事件却没有过多地影响昆虫的演化，反而为昆虫的继续发展创造了更广阔的生态空间。

新生代开始，被子植物主宰地球，昆虫世界也逐渐演变得与现今十分类似，现代生态系统渐成体系。

图 1-21 白垩纪末小行星撞击地球

2. 最古老的外寄生虫——巨型跳蚤

巨型跳蚤

　　一种生物生活于另一种生物的体表或体内，并从后者获得营养称为寄生。寄生生物包括一些病毒、细菌、真菌、原生动物等。人们常说的寄生虫分为外寄生虫和内寄生虫。寄生于动物体外并吸取营养的称为外寄生虫，如虱子、跳蚤和一些蜱虫、螨虫等，甚至包括七鳃鳗；寄生于动物体内并吸取营养的则称为内寄生虫，如绦虫、蛔虫、棘头虫，还有一些线虫和扁虫等。昆虫里有很多重要的寄生虫，如臭名昭著的虱子和跳蚤，蝙蝠的外寄生虫（如蝠螋、蝠蝇、寄蟀等）。有一种寄生在鼠类的无翅昆虫，这类无翅昆虫外形极为特化，曾被昆虫学家命名为一个独立的目——重舌目，其实它们只是一类特化的蟋蟀。很多膜翅目和双翅目昆虫在寄主体表或体内产卵，孵化的幼虫以寄主为食，但它们的成虫并不寄生生活，这种现象被称为拟寄生。

在昆虫的演化历史上，寄生昆虫的出现是非常精彩的一幕。寄生虫和寄主的协同演化是生命发展史上重要的一环，甚至深深影响人类的近代史。

寄生虫化石非常稀有。由于体形微小且常与脊椎动物寄主生活在一起，寄主的软组织在埋藏过程中容易腐烂，因而寄生虫也难以保存为化石。

最常见的外寄生虫是跳蚤和虱子。最古老的虱子化石发现于缅甸琥珀中（距今约 1 亿年）。而过去发现的确切的跳蚤化石几乎都来自琥珀，如欧洲始新世的波罗的海琥珀（距今约 4500 万年）和中美洲中新世的多米尼加琥珀（距今约 1800 万年）。这些琥珀中的跳蚤和现代类型极为相似，均可归入现代的跳蚤科。蚤目起源及早期演化的关键证据长期缺失。在白垩纪早期约

1.15 亿年前的澳大利亚地层中曾发现了一种化石，名为 *Tawinia*。因其形态特征有限，分类位置存在分歧，古生物学家多认为它是跳蚤，而大多数生物学家却对此存疑。

侏罗纪中期恐龙时代的巨型跳蚤与现代跳蚤在体形、触角、口器、寄生与运动能力等方面有着较大的差别。

体形：现代跳蚤通常只有 1~3 毫米长，但侏罗纪的巨型跳蚤有的却长达 2 厘米以上，它们不仅个体巨大，体表还相对柔软。为了适应寄生生活，现代跳蚤演化出了另一种截然不同的体形，它们身体侧扁且有坚硬的外表，以便于在寄主的毛发间穿行。

触角：除个头大得多外，侏罗纪巨型跳蚤的触角节数较多，有十几到二十多节，而现代跳蚤的触角不超过 11 节，很多种类只有 3 节且更短，可以收缩在触角窝内，这样它们在寄主毛发间穿行时触角不会损伤。

口器：侏罗纪巨型跳蚤的口器很长，像一把宝剑，且两侧具有小脊构成的锯齿状构造，可以更从容地刺穿寄主的皮肤吸食血液（图 2-1）。而绝大多数现代跳蚤的口器并没有这么复杂。

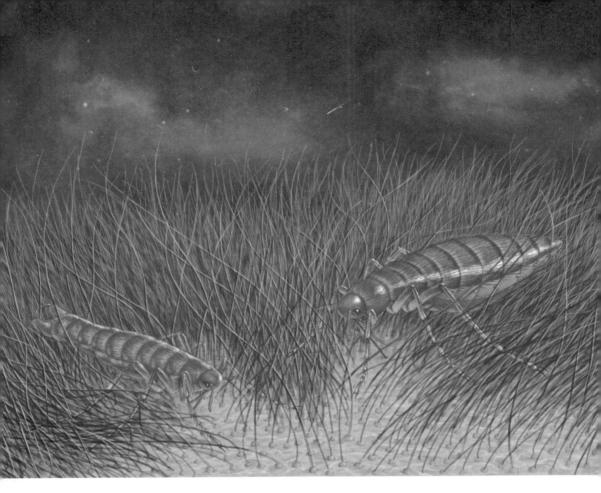

图 2-1　侏罗纪中期的巨型跳蚤

　　寄生：侏罗纪巨型跳蚤还有一个十分显著的特征，就是它们体表布满向后的鬃毛，可以防止被寄主抖落，同时也有恐吓的作用，让捕食者心生厌恶，难以下口。现代跳蚤为了更稳固地寄生在寄主体表，发育出了特殊的栉状构造，可以像梳子一样卡住寄主的毛发。这些栉发育在跳蚤身体的不同部位，分别被称为头栉、胸栉、腹栉。而侏罗纪巨型跳蚤的栉则完全不同，发育在腿部胫节的端部，说明当时的跳蚤已经逐渐适应了寄生生活，但可能并非一直待在寄主的身上（图2-2）。

图2-2　巨型跳蚤的栉发育在腿部胫节的端部，用以卡住寄主的毛发

运动能力：现代跳蚤体形虽小，但却可以称得上"跳高冠军"，因为它们的跳跃距离可达其身长的100多倍。侏罗纪的巨型跳蚤是否已经具备跳跃能力呢？经研究发现，那时的雌性跳蚤可能和雄性跳蚤具有不同的运动方式。其中雌性跳蚤的运动能力较弱，不仅不会跳，甚至连普通的爬行都困难，并不善于运动。而雄性跳蚤的腿部结构和现代跳蚤十分相似，应该已经具备了初步的跳跃能力。

侏罗纪巨型跳蚤的发现将蚤类的起源提前了约5000万年，是迄今已知最古老的外寄生虫。这项研究还揭示了蚤类起源于具有刺吸式口器的长翅目昆虫。跳蚤的祖先是吸食植物汁液的，随着带毛哺乳动物的出现，它们的巢穴为跳蚤祖先提供了庇护所，它们的毛发为跳蚤祖先带来了温暖的环境，它们的血液成为跳蚤祖先源源不断的食物来源，促成了跳蚤祖先食性和其他生活习性的转变。最终，跳蚤的祖先——一些长喙蝎蛉，退化了翅膀，开始逐步适应寄生生活。最新的分子生物学分析证明，跳蚤实际就是一种十分特化的营寄生生活的长翅目昆虫。这也支持了早期关于跳蚤起源的推断。同样，科学家近期的研究成果也揭示虱子实际是特化的啮虫，虱目也被取消而并入啮虫目。之前提到过的重舌目，后来科学家发现它们是寄生于鼠类的特化蠼螋，因此并入革翅目。这些寄生性昆虫为了适应外寄生生活，形态通常十分特化，过去的昆虫分类学家难免根据差异很大的外形将这些外寄生虫归入独立的目。

现代跳蚤的寄主95%都是哺乳动物，特别是啮齿类，而5%的进化类型则寄生于鸟类体表。那么，那些中生代的巨型跳蚤是生活在什么样的环境中，它们的寄主是哺乳动物、鸟类、恐龙，还是翼龙呢？首先，在道虎沟生物群所处的时代（燕辽生物群早期，约1.65亿—1.62亿年前）还没有真正的鸟，却出现了很多带羽毛的恐龙。这些恐龙并非庞然大物，通常也就和现在的鸡一般大小。那时，哺乳动物已经十分繁盛，它们有的在水中游泳捕食，在岸边筑巢，属于半水生动物；有的善于攀缘，捕捉昆虫或取食裸子植物的球果；有的则在地面筑巢打洞，奔跑在原始的蕨类植物丛中。这些早期哺乳动物通常体形较小，多与现在的老鼠一般大小。而当时的翼龙也发育了毛发。这些都是侏罗纪巨型跳蚤的潜在寄主。而在热河生物群所处的时代（约1.25亿年前），鸟类早已存在，且多样性颇高。由于这些可能的寄主通常个体较小，而当时的跳蚤体形相对巨大，所以很难想象这些巨型跳蚤一直寄生在寄主的体表毛发中。它们更可能待在寄主的巢穴里，待寄主回巢一拥而上，吸食血液（图2-3）。

图2-3　侏罗纪巨型跳蚤可能生活在寄主的巢穴里

现代跳蚤依据行为特征可分为两大类，一类叫毛蚤，寄生在寄主的毛发间，善于跳跃；另一类叫巢蚤，生活在寄主的巢穴中，不善于跳跃，与侏罗纪巨型跳蚤类似。当然，这些侏罗纪巨型跳蚤也可以短暂地附着于寄主体表来传播扩散。研究发现，当时跳蚤的基本形态及胫端栉的特征已经有了明显的分化，因而推测不同类型的中生代跳蚤可能具有不同的寄主。而这些侏罗纪巨型跳蚤最可能的寄主还是早期哺乳动物和带羽毛的恐龙（图2-4、图2-5）。不过这些跳蚤和它们潜在寄主之间的对应关系并不清楚，有待科学家进一步研究。

图 2-4　侏罗纪巨型跳蚤的寄主可能是早期带羽毛的恐龙

图 2-5　侏罗纪巨型跳蚤的寄主可能是早期哺乳动物

巨型跳蚤化石发现记

2008 年清明节，我和北京的资深昆虫化石爱好者王向东去逛北票化石市场。当时我看到了一块保存非常精美的昆虫化石，但一时不能确定它属于哪一类昆虫。这种情况极为少见，于是我毫不犹豫地买下了这块化石。后来在宾馆里用放大镜仔细研究以后，我恍然大悟，确定这是一块早期的巨型跳蚤化石，距今约 1.25 亿年，是已知最古老的跳蚤（图 2-6）。

图 2-6　热河生物群中的巨型跳蚤化石

于是，我把这个信息告诉了王向东。王向东是个有心人，把这个巨型跳蚤的样貌记在心里。半年以后，我在法国交流合作的时候，王向东发给我一张照片，是他在朝阳化石市场买到的一块疑似道虎沟产出的巨型跳蚤化石。根据化石上的特有伴生生物，回国后我立即赶往内蒙古宁城县道虎沟，并发现了好几块这类化石。这就是已知最古老的侏罗纪的巨型跳蚤化石（图2-7）。

图2-7 道虎沟生物群中的巨型跳蚤化石

3. 并不恐怖的"恐怖虫"

并不恐怖的"恐怖虫"

　　除跳蚤化石以外，过去在中生代还发现了一种普遍公认的外寄生虫——恐怖虫。

　　美国古昆虫学家格雷马蒂（Grimadi）和英格尔（Engel）在其重要的昆虫化石论著《昆虫的演化》一书中指出，在所有的昆虫化石中，最令人困惑的无疑是两类无翅昆虫：蜥虱和恐怖虫。2012年中国科学院南京地质古生物研究所黄迪颖等科学家在《自然》杂志上发表论文，除报道中生代的巨型跳蚤外，还确切地指出蜥虱实际也是一种特化的跳蚤。于是，恐怖虫就成为昆虫化石中的最难解之谜。

　　恐怖虫（*Strashila*）最初发现于俄罗斯侏罗纪晚期的地层，长相十分奇特：它们只有约1厘米大小，长有两只大眼睛和一对短触角，前足和中足并没有什么异样，但后足却发育成特异的大螯状，腹部还具有成对的侧叶，看起来十分凶狠（图3-1）。

恐怖虫的身世一直成谜，它和现代昆虫及化石中所有已知昆虫都很不一样，无法归入现代昆虫纲中任何一目，因而有学者特地为它建立了一个新目。但学者们普遍认为恐怖虫是类似虱子或跳蚤的外寄生虫，寄生于翼龙的翼膜上，或带羽毛恐龙的毛根处（图3-2、图3-3）。

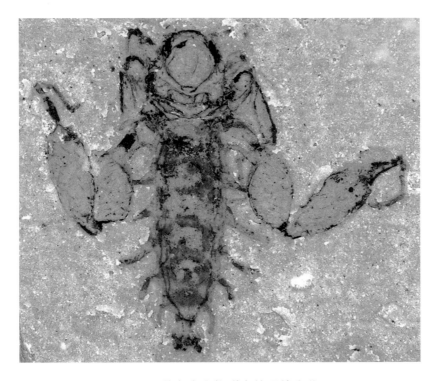

图3-1　道虎沟生物群中的恐怖虫化石

图 3-2　有科学家推测恐怖虫是外寄生虫，寄生在翼龙的翼膜上

图 3-3　有科学家推测恐怖虫是外寄生虫，寄生在带羽毛恐龙的毛根处

有一类特殊的蚊子叫缨翅蚊，和其他双翅目类群没有直接的演化联系，甚至有学者为这类特殊的蚊子建立了一个独立的亚目。尽管大多数昆虫学家并不支持这个观点，但也足见缨翅蚊确实很奇特。从一般特征来看，很难将恐怖虫和缨翅蚊联系起来。现代的缨翅蚊个体十分微小，一般不足 3 毫米，只有 7 个现生种，在中国尚未发现。它们的触角呈短棒状，鞭节很长，具有亚分节，复眼在背面远离，单眼彼此分离，口器退化，成虫不取食。这些头部特征和恐怖虫极为相似。但缨翅蚊的胸部和腹部细长，具有幼态持续特征。它们的翅膀狭长，翅脉退化，翅缘有长毛。这样的翅膀特征表现出一些小型飞虫的共同特征，看起来又和恐怖虫相去甚远。

经过详细的研究对比，科学家发现有一种沃氏缨翅蚊，它的腹部具有和恐怖虫类似的侧叶，且仅见于雄虫。沃氏缨翅蚊具有独特的生活方式：它们在水中孵化，从蛹羽化为成虫后，不久便脱掉翅膀，进入水中交配。几十年间生物学家只发现了无翅个体，它们虽然会飞，但主要生活在水中。更有趣的是，它们在水中交配，死亡后还常保持交配姿态。

至此，关于恐怖虫的谜团迎刃而解。与现代缨翅蚊一样，恐怖虫从蛹羽化为成虫后可能经过短暂的飞行就脱掉翅膀，进入水中交配，因而带翅膀的恐怖虫非常罕见。目前虽然发现了更多标本，包括一些新的带翅膀的恐怖虫，但所占比例很低，且几乎所有标本只保存一个翅膀。和其他双翅目昆虫不一样，恐怖虫的翅膀极易脱落。或许科学家发现的这些化石可能正处于它们脱掉翅膀进入水中的那一刻。曾有学者推测恐怖虫的口器呈刺吸式，但实际上它们的口器退化，因而成虫可能并不取食，仅有短暂的生活周期。它们交配产卵后死亡，但仍能保持交配姿势。雄虫的螯状后足并不是用来夹持翼龙的表皮或恐龙的毛根，也不是捕食工具，而可能用于雄虫间的争斗和恐吓，以夺取交配权，并有抓握雌虫进行交配的功能。目前看来恐怖虫的雌性数量远少于雄性，雄虫之间争夺交配权的斗争想必十分激烈。因此，恐怖虫其貌不扬，但并不恐怖。

生物学家对沃氏缨翅蚊腹部成对侧叶的功能并不了解。和现代缨翅蚊一样，恐怖虫也具有明显的幼态持续特征，腹部的侧叶实际就是幼虫退化的鳃（图 3-4）。这样的构造在昆虫成虫中极少发现，但却偶见于水生幼虫。这展现了已知昆虫化石中独一无二的幼态持续特征。

图 3-4　恐怖虫生态复原图

恐怖虫化石发现记

我们对恐怖虫的研究持续了近十年。当我第一次看到那些发现于中国内蒙古宁城县道虎沟的恐怖虫化石时，就觉得它们虽然和以前在俄罗斯发现的标本很像，但绝非寄生虫化石，而更像水生昆虫。其中一块化石使我深感疑惑：有两只压在一起的恐怖虫，却只发现一对大螯。起初，我认为它是一块蜕壳标本。在绘制了图件详细分析后，我竟然发现这是一块交配的标本（图 3-5），

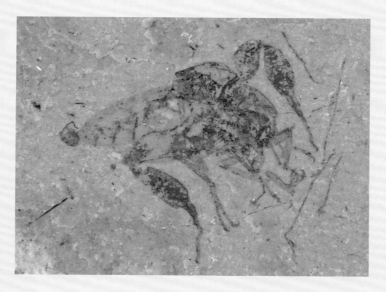

图 3-5　恐怖虫交配化石标本

而雌虫和雄虫的形态构造有很大的不同。这是首次发现恐怖虫的雌虫标本，其后足不呈大螯状，腹部缺少成对侧叶，就像一只少了翅膀的普通蚊子，不具备任何外寄生虫的特征。后来，又发现一只雄虫长有一个明显的翅膀，显然不符合寄生虫的特征。因而恐怖虫是寄生虫的观点不能成立。

所有新发现的 13 块标本中只有 2 个雌虫，它们都与雄虫保存在一起，甚至保持了雄虫在上面抓握雌虫的交配姿势。这种现象极为罕见，应该暗示了一些特殊的原因。通过详细的形态解剖学研究，我们认为恐怖虫毫无疑问和现代的苍蝇、蚊子等同属双翅目，和双翅目中一个原始小类群——缨翅蚊科有较近的亲缘关系。

4. 结语

　　当今世界昆虫演化的格局是白垩纪陆地革命时期奠定的，从 1.25 亿年前至 8000 万年前被子植物在开花植物中的多样性从微乎其微迅速上升为 80%。被子植物的花朵和花露对昆虫的吸引力不言而喻，为传粉昆虫提供了大量新机遇。即便是当时的陆地霸主恐龙也发生了适应性的演变，它们中的一些种类体验着花的芳香和青草的甘美，出现了草食性恐龙。白垩纪之后鸟类和哺乳动物成为新的陆地霸主，被子植物的果实也成为它们的美味。而陆地生态系统的主宰却是昆虫和被子植物，1 亿年来它们之间的相互适应和协同演化，塑造了变化万千的生物世界。但别忘了，昆虫和广大脊椎动物及无脊椎动物，各种植物和真菌，都有着千丝万缕的联系。这才是奇妙的生物世界。

科学家寄语

黄迪颖

我出生在科学城中关村，从小受到科学氛围的熏陶。我对古生物的热爱，源于从小对自然科学的浓厚兴趣。读小学时，我喜欢地理课，但更喜欢参加课外兴趣小组，跟随老师去北京大学未名湖畔的小土山上采集各种动植物标本。上初中后，我骑着一辆破旧的自行车，走遍了北京的山山水水。那时我最喜欢地质学，几乎每个月都会去地质博物馆转一圈，但唯独不喜欢古生物。高中的时候，我学习成绩并不好，只有化学一枝独秀，这大概跟父母都从事化学工作有关。高考填志愿，我却坚持报考地质类高校，为此和父亲大吵了一架。父亲总以为我是害怕考不上而选择逃避。但其实我所了解的化学研究更多的是实验室耐心细致甚至略显枯燥的实验工作，而地质工作是探索无限广袤的大自然。一个是按部就班，循序渐进；另一个则是探索无尽而未知的自然世界，或许会惊喜连连。我大学就读于南京大学地球科学系，直到大一暑假实习我才喜欢上古生物，因为我特别能找化石，从此就一发不可收拾。回头看去，把少年时期的兴趣爱好拼接起来，似乎走上古生物这条"不归路"是命中注定。我特别感谢我的父母，即使我的学习成绩从来就不优秀，他们都义无反顾地支持我的各种兴趣爱好。

　　如果你立志从事科学研究，不如趁早多接触一些领域，能开阔眼界，或许更易找到你最钟爱并愿为之奋斗一生的学科。如果你最终只是将这些作为爱好，或许也能收获更纯粹的生活感悟，又何尝不好？